Este material ha sido creado para todas las personas cuyo objetivo es aprender de forma fácil y rápida la creación y manejo de formulas sin la necesidad de tener un instructor o maestro, ya que a sido diseñado de tal manera que basta seguir las instrucciones y guiarse con los ejemplos para comprender el proceso del diseño de todo tipo de fórmulas en Excel.

Contenido

Definición de fórmula. 3

Pasos para crea una formula básica numérica. 3

Pasos para crear una fórmula que haga referencia a valores de otras celdas 5

Tipos de fórmulas en Excel 7

    Formulas dinámicas. 7

    Formas de utilizar la referencia absoluta 12

    Para cambiar entre referencias relativas, absolutas y mixtas: 16

Estructura de fórmulas en Excel 17

    Prioridad de signos 17

Ejemplos de fórmulas: 19

Introducir una fórmula con datos ubicados en celdas de diferentes hojas de cálculo 22

Como crear formulas con datos de diferentes libros de Excel. ...24

Como crear Formulas con funciones 27

Formulas en Excel

Definición de fórmula.

Una fórmula es una expresión que se utiliza para realizar cálculos o procesamiento de valores, obteniendo como resultado un nuevo valor que será asignado a la celda en la cual se introduce la fórmula. Todas las fórmulas inician con el signo igual (=), seguida de un dato numérico o de una celda según sea el caso, posteriormente se asigna el signo aritmético deseado y después otro valor numérico o celda dependiendo de lo requerido por el usuario.

Pasos para crea una formula básica numérica.

1. Hacer clic en la celda donde se desea insertar la formula.

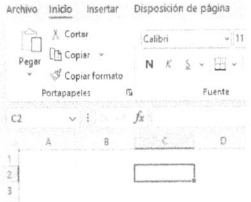

2. Escribir el signo igual =.

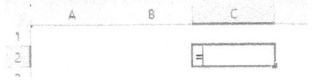

3. Escribir el primer valor numérico

4. Escribir el signo aritmético de la operación a realizar (+, -, *, /...)

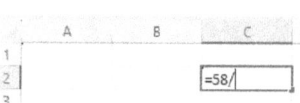

5. Escribir el siguiente valor numérico

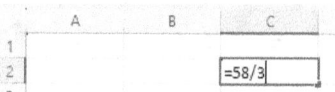

6. Si la formula continua repetir los pasos 4 y 5 hasta finalizar la formula, de lo contrario oprimir la tecla Enter (↵).

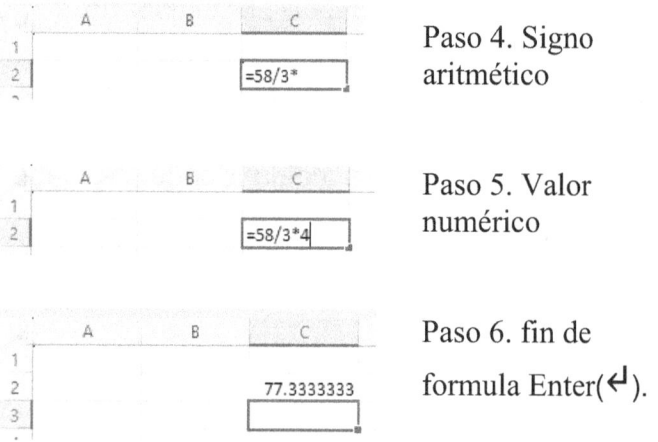

Paso 4. Signo aritmético

Paso 5. Valor numérico

Paso 6. fin de formula Enter(↵).

Nota. Es como trabajar en una calculadora, la única diferencia es que primero se agrega el signo igual (=).

Pasos para crear una fórmula que haga referencia a valores de otras celdas

1. Hacer clic en la celda donde se desea insertar la formula.
2. Escribir el signo igual =.

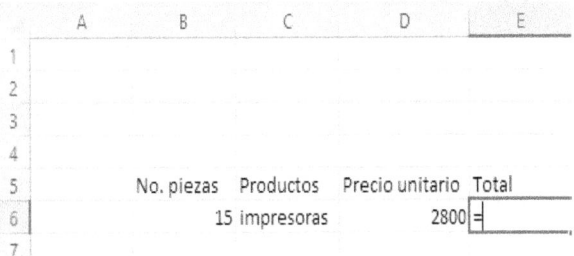

En este caso se está trabajando en la celda **E6** e interesa calcular el total de la venta, el cual se calcula multiplicando el **No. De piezas** por el **Precio unitario**.

Nota: Las fórmulas de Excel siempre comienzan con el signo igual.

3. Seleccionar la celda o escribir el nombre de la celda de la formula.

	No. piezas	Productos	Precio unitario	Total
5				
6	15	impresoras	2800	=B6
7				

4. Escribir un operador aritmético (+, -, *, /...). Por ejemplo, " * " para multiplicar.

	No. piezas	Productos	Precio unitario	Total
5				
6	15	impresoras	2800	=B6*
7				

5. Seleccionar la celda siguiente o escribir el nombre de la misma.

6. Repetir los pasos 4 y 5 hasta tener la formula completa. Si ya está completa pasar al siguiente paso.

7. Si es el último argumento de la formula Oprimir la tecla **Enter**. El resultado del cálculo se mostrará en la celda que contenga la fórmula.

Tipos de fórmulas en Excel

Como ya se ha mencionado en Excel se manejan dos tipos de fórmulas principalmente, las fórmulas numéricas y las fórmulas dinámicas. Las numéricas manejan solo números y signos aritméticos a diferencia de las fórmulas dinámicas que contienen argumentos compuestos por el nombre de las celdas y sus signos aritméticos respectivamente.

Nos enfocaremos en las fórmulas dinámicas ya que son las más utilizadas y mucho más eficientes.

Formulas dinámicas.

Están compuestas por el nombre de las celdas, así como también puede contener funciones y algún valor numérico considerado como una constante, el objetivo de toda fórmula es obtener un resultado numérico y se identifican por el uso de signos aritméticos (+, -, /, *).

Ejemplo de fórmulas:

= A1 + B1	= SUMA (A1:A10) / 3 - C5
= A5 * PI ( )	= C5 - C5 * 0.8
= (C10 - D5) / 2 + B2	= B2 / 2

Nota. Todas las fórmulas inician con signo **igual** (**=**).

Como ya se comentó en los puntos anteriores cuando se trabaja con las celdas en las fórmulas estas se clasifican en relativas y absolutas, a continuación, se describe cada una de ellas.

Formulas con referencia relativa en Excel.

Estas fórmulas son predeterminadas por Excel y su característica principal se nota en el momento de copiar una formula, ya que al copiar una formula los argumentos o las celdas que participan en ella cambian de forma simétrica a la siguiente posición de la formula copiada, a continuación, se explica en un ejemplo:

	A	B	C	D
1				
2	8	9	2	
3	5	4	3	
4	1	6	7	
5	4	3	6	
6				
7				
8			=A2+B2	
9				
10				

Como se observa la formula se encuentra en la celda C8, es una formula dinámica porque maneja el nombre de las celdas (A2 y B2).

Si se copia o se mueve la fórmula de la celda C8 a la celda D10 la formula por ser relativa cambia de forma automática las direcciones de celdas que participan en ella considerando la nueva ubicación de la formula.

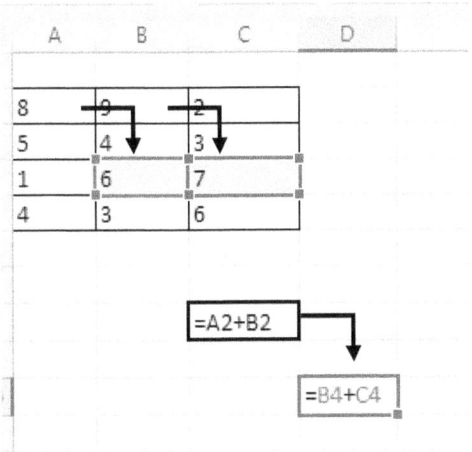

Como se puede notar la formula se movió de C8 a D10, es decir se movió una columna hacia la derecha y dos filas hacia abajo. Las celdas de la formula también cambian moviéndose de la misma forma que la formula una columna hacia la derecha y dos filas hacia abajo A2 cambia por B4 y B2 por C4.

Las referencias relativas hacen referencia a celdas en relación a la ubicación de la celda que contiene la fórmula. Cuando la fórmula se mueve, hace referencia a celdas nuevas basadas en su ubicación. Las referencias relativas son el tipo predeterminado en Excel.

Formulas con referencia absoluta en Excel

Se les llama referencias absolutas cuando los argumentos en una formula o las celdas que forman parte de una formula están bloqueadas de tal forma que al ser copiada la formula a cualquier otra celda el resultado de ésta será el mismo y esto se debe a que a que se sigue haciendo referencia a las mismas celdas de la formula original.

Una referencia se hace absoluta en el momento que se le antepone el signo $ antes de nombre de la columna y antes del número de fila de cada celda dentro de la formula. Por ejemplo:

En la celda B5 se agrega la siguiente fórmula = A5 * 9

Con estos signos se le está indicando a Excel que a cualquier punto a donde se copie o se mueva esta fórmula se haga referencia a la celda A5.

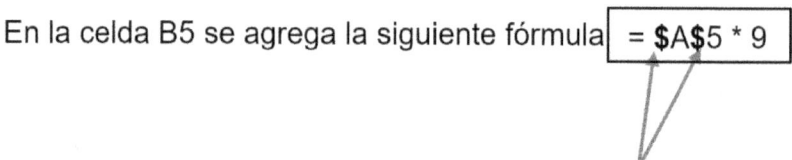

Al copiar la formula a las celdas B6 y B7 se puede observar como la formula sigue conservando los mismos valores y por lo tanto el resultado de la operación es el mismo de la celda de la formula original.

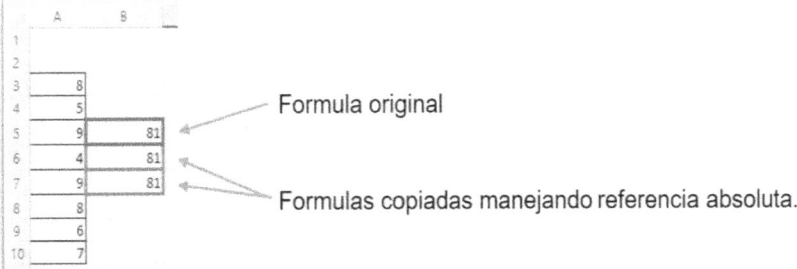

Formula original

Formulas copiadas manejando referencia absoluta.

Formas de utilizar la referencia absoluta

La referencia absoluta se puede manejar de 3 maneras diferentes:

=$A5 * 9	Referencia de columna absoluta: La columna se mantiene absoluta sin importar donde se pegue la fórmula, es decir todo el tiempo se hará referencia a la columna **A**, pero la fila (el número) se actualiza relativamente.
=A$5 * 9	Referencia de fila absoluta: La fila se mantiene absoluta sin importar donde se pegue la fórmula, todo el tiempo se hará referencia a la fila **5** pero la columna (la letra) se actualiza relativamente.
=A5 * 9	Referencia de columna y fila absolutas: La celda por completo es absoluta, es decir, la columna **A** y fila **5** permanecen constantes sin importar donde se pegue la fórmula.

Referencias absolutas y relativas en Excel

Una fórmula de Excel puede estar compuesta tanto por referencias absolutas como referencias relativas (mixtas). Cada una de ellas se comportará de manera independiente, es decir va haber referencias o celdas que no cambiaran cuando la formula sea copiada y pegada, así como referencias o celdas que Excel las cambiara de forma automática.

En el siguiente ejemplo se mostrará una fórmula que combina las referencias absolutas y relativas para obtener el precio de una lista de productos en la moneda local. Considera la siguiente tabla de datos:

Ejemplo:

La siguiente tabla contiene información relacionada con las ventas de una papelería la cual está manejando un descuento del 15%, ya contiene el costo calculado al multiplicar la cantidad de piezas por el costo individual de cada pieza, solo hace falta calcular el descuento.

	A	B	C	D	E
1					
2		Descuento	15%		
3					
4	cantidad	Productos	costo/pieza	costo	descuento
5	5	cuadernos	$ 30.00	$ 150.00	=D5*C2
6	9	plumas	$ 5.00	$ 45.00	
7	7	caja de colores	$ 45.00	$ 315.00	
8	6	plumones	$ 8.00	$ 48.00	
9					

Como se observa en la celda E5 la fórmula para calcular el descuento es =D5 * C2, es importante observar que esta fórmula es relativa por lo tanto si la copiamos y pegamos hacia abajo las referencias de la formula en cada celda copiada cambiaran.

	A	B	C	D	E
1					
2		Descuento	0.15		
3					
4	cantidad	Productos	costo/pieza	costo	descuento
5	5	cuadernos	30	=+C5*A5	=D5*C2
6	9	plumas	5	=+C6*A6	=D6*C3
7	7	caja de colores	45	=+C7*A7	=D7*C4
8	6	plumones	8	=+C8*A8	=D8*C5

Todas las fórmulas de la columna **E** que es donde se calcula el descuento debe de multiplicar el costo por el porcentaje de descuento que se encuentra en la celda C2, pero al copiar y pegar la formula esta referencia cambio por lo tanto solo la celda E5 que es la fórmula original contendrá el resultado correcto.

	A	B	C	D	E
1					
2		Descuento		15%	
3					
4	cant	Productos	costo/pieza	costo	descuento
5	5	cuadernos	$ 30.00	$150.00	$ 22.50
6	9	plumas	$ 5.00	$ 45.00	$ -
7	7	caja de colores	$ 45.00	$315.00	#¡VALOR!
8	6	plumones	$ 8.00	$ 48.00	$1,440.00

Para que la formula al copiarla y pegarla siga haciendo referencia a la celda **C2** que contiene el porcentaje de descuento se necesita que esta celda se convierta en **referencia absoluta** y para ello es necesario agregar el signo " $ ", quedando de la siguiente manera: **C2** .

La fórmula de la celda **E5** quedaría de la siguiente manera: = D5 * C2

	A	B	C	D	E
1					
2		Descuento	15%		
3					
4	cant	Productos	costo/pieza	costo	descuento
5	5	cuadernos	$ 30.00	$150.00	=D5*C2
6	9	plumas	$ 5.00	$ 45.00	
7	7	caja de colores	$ 45.00	$315.00	
8	6	plumones	$ 8.00	$ 48.00	

Al copiar y pegar esta fórmula lo único que cambiará será la celda **D5** que es **referencia relativa** mientras que la celda **C2** seguirá igual ya que ésta es una **referencia absoluta**.

	A	B	C	D	E
1					
2		Descuento	0.15		
3					
4	cantidad	Productos	costo/pieza	costo	descuento
5	5	cuadernos	30	=+C5*A5	=D5*C2
6	9	plumas	5	=+C6*A6	=D6*C2
7	7	caja de colores	45	=+C7*A7	=D7*C2
8	6	plumones	8	=+C8*A8	=D8*C2
9					

La tabla con los resultados quedara de la siguiente forma:

	A	B	C	D	E
1					
2		Descuento		15%	
3					
4	cant	Productos	costo/pieza	costo	descuento
5	5	cuadernos	$ 30.00	$150.00	$ 22.50
6	9	plumas	$ 5.00	$ 45.00	$ 6.75
7	7	caja de colores	$ 45.00	$315.00	$ 47.25
8	6	plumones	$ 8.00	$ 48.00	$ 7.20

Para cambiar entre referencias relativas, absolutas y mixtas:

1. Hacer clic en la celda que contenga la fórmula.
2. Ubicar la barra de fórmula y hacer clic o seleccionar la celda a la cual se desea cambial la referencia.

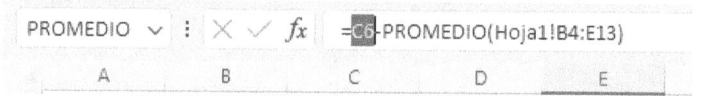

3. Presione la tecla F4 para cambiar entre los tipos de referencia.

   Nota. Este paso se repite hasta que aparezca la referencia deseada.

Estructura de fórmulas en Excel

Por todo lo que ya se ha visto se puede afirmar que Excel es una excelente herramienta para el manejo de fórmulas matemáticas y trigonométricas ya que respeta las reglas universales matemáticas, por tal motivo es importante que el usuario tenga conocimiento de ellas para realizar de forma correcta la estructuración de las mismas y obtener los resultados correctos deseados.

Prioridad de signos

Para trabajar de manera correcta se necesita un conjunto de normas comunes para realizar los cálculos. Desde hace varios años atrás, muchos matemáticos han contribuido para el desarrollo de un orden de operaciones estándar que permiten determinar qué operaciones se calculan primero en una expresión con más de una operación.

Las operaciones matemáticas se realizan de la siguiente forma:

1. Si hay paréntesis "( )" se realizan primero las operaciones que se encuentren dentro.
    a. Es importante recordar que con las operaciones que se encuentren dentro de paréntesis también se resuelven aplicando la prioridad de signos.
    Ejemplo:

$$=C5 * A2 / (B2 - C3 * 2)$$
$$\qquad\qquad\quad\uparrow\quad\ \uparrow$$
$$\qquad\qquad\quad 2\quad\ 1$$

2. El próximo paso es evaluar las multiplicaciones y divisiones.
   a. Si hay varias de estas operaciones se empieza resolver de izquierda a derecha.

   =C5 * A2 / (B2 - C3 * 2) + C2
        ↑   ↑   ↑   ↑
        3   4   2   1

3. Por último, se realizan las sumas y restas.

   =C5 * A2 / (B2 - C3 * 2) + C2
        ↑   ↑   ↑   ↑   ↑
        3   4   2   1   5

TAPLA DE PRIORIDADES DE SIGNOS		
1.	( )	
2.	*	/
3.	+	-

NOTA. Cuando en una formula existen varios signos con la misma prioridad se empieza a calcular de izquierda a derecha.

Ejemplos de fórmulas:

A) = A2 + B2 * D5 / E3.

En este ejemplo hay dos signos que tienen la misma prioridad (la multiplicación " * " y la división " / ") por lo tanto se empieza de izquierda a derecha. Quedaría de la siguiente manera:

$$= A2 + \underset{3}{B2} * \underset{1}{D5} / \underset{2}{E3}$$

Es decir, primero se multiplica B2 por D5 y ese resultado se divide entre E3 y por último se le suma el contenido de la celda A2.

B) = (C5 + C6) / D6

En este caso se realiza primero la suma ya que se encuentra entre paréntesis quedando de la siguiente manera:

$$= (\underset{1}{C5 + C6}) / \underset{2}{D6}$$

Por lo tanto, primero se suma el contenido de C5 y C6, el resultado anterior se divide entre D6.

C) = E8 – F8 / (G8 * C8)

Como se observa se tienen dos operaciones con la misma prioridad (la división y la multiplicación) pero en este caso se inicia con la operación de la derecha (la multiplicación) ya que se encuentra entre paréntesis, quedando de la siguiente manera:

$$= E8 \underset{3}{-} F8 \underset{2}{/} \underset{1}{(G8 * C8)}$$

Primero se multiplica G8 por C8, posteriormente se divide el contenido de la celda F8 entre el resultado de la multiplicación anterior y por último al contenido de la celda E8 se le resta el resultado de la división.

D) = D9 – (E9 / (F9 + G9) + H9) * 0.16

En este ejemplo se inicia por las operaciones que están dentro de los paréntesis posteriormente la multiplicación y división y por último la resta. Quedando la secuencia de la siguiente manera:

$$= D9 \underset{5}{-} (E9 \underset{2}{/} \underset{1}{(F9 + G9)} + H9 \underset{3}{)} \underset{4}{*} 0.16$$

Como ya se sabe se inicia con el contenido de los paréntesis en este caso es la suma de F9 y G9, posteriormente se divide E9 entre el resultado de la suma anterior, al resultado de la división se le suma el contenido de la celda H9, a todo este resultado se multiplica por 0.16 y, por último, a la celda D9 se le resta el resultado de la multiplicación anterior.

E) = (F10 − PROMEDIO (A2:C7)) / 2

En la formula anterior se puede observar que uno de sus elementos es una función la cual está haciendo referencia a un rango de datos que es lo que se encuentra entre paréntesis. Por lo tanto, en este caso primero se realiza el cálculo de la función para proseguir con las demás operaciones quedando la secuencia de la siguiente manera:

$$= (F10 - PROMEDIO (A2:C7)) / 2$$

$$\quad\quad\;\;\uparrow\quad\quad\;\;\uparrow\quad\quad\quad\quad\;\;\uparrow$$

$$\quad\quad\;\;2\quad\quad\;\;1\quad\quad\quad\quad\;\;3$$

En este caso se realiza primero el cálculo de la función Promedio() para posteriormente el resultado obtenido restárselo a F10 y el resultado de esta resta se divide entre 2.

A pesar que la división tiene prioridad que la resta, en este caso se realiza primero la resta ya que se encuentra entre paréntesis.

Introducir una fórmula con datos ubicados en celdas de diferentes hojas de cálculo

1. Posicionarse en la celda donde se desea insertar la fórmula.

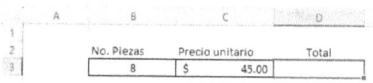

2. Insertar el signo igual.

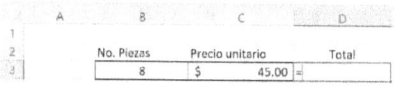

3. Ubicar el nombre de la hoja en la que se encuentra el dato a utilizar en la formula y hacer clic con el mouse sobre ella.

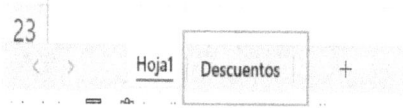

En este caso es la hoja Descuentos

4. Una vez abierta la hoja, seleccionar la celda o rango a utilizar en la fórmula.

En la hoja Descuentos se encuentra una tabla de la cual solo interesa el descuento del día sábado del mes de Junio.

5. Teclear el siguiente operador a utilizar.

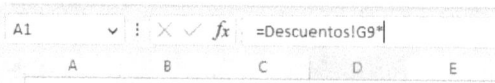

6. Ubicar el nombre de la hoja en la que se encuentra el siguiente dato a utilizar en la formula y hacer clic con el mouse sobre ella.

En este caso es la Hoja 1 donde se encuentra el siguiente dato

7. Una vez abierta la hoja, seleccionar la celda o rango a utilizar en la fórmula.

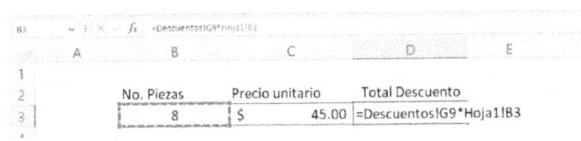

8. Si la formula requiere más datos repetir el paso 5, 6 y 7 hasta terminar de editar la formula.

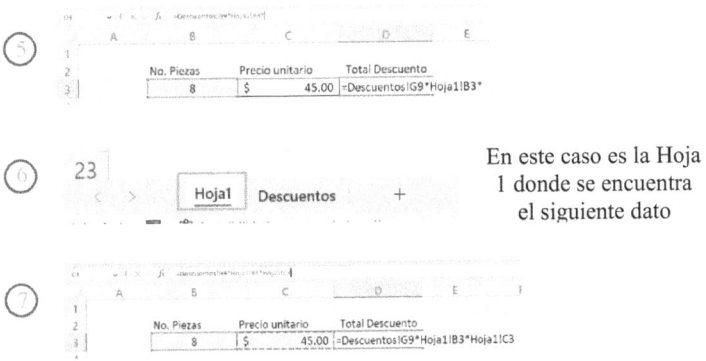

En este caso es la Hoja 1 donde se encuentra el siguiente dato

9. Una vez de haber terminado de editar la formula oprimir la tecla Enter (↵).

Como crear formulas con datos de diferentes libros de Excel.

En algunas ocasiones es necesario trabajar con datos de archivos (libros de Excel) diferentes y a veces lo que se hace es copiar la hoja de los datos que se necesitan al archivo en el que se está trabajando, al hacer esto ya se está duplicando información y otro inconveniente es que los datos copiados no se actualizarán de manera automática.

Excel permite trabajar con fórmulas que involucran diferentes hojas y libros y los cambios realizados en cada uno de ellos se ven reflejados de manera automática en los resultados de la formula.

Para realizar una formula con estas características se siguen los siguientes pasos:

1. Abrir los archivos que contienen los datos que se ban a utilizar en la formula.

2. Posicionarse en la celda donde se desea insertar la fórmula.

3. Insertar el signo igual (=).

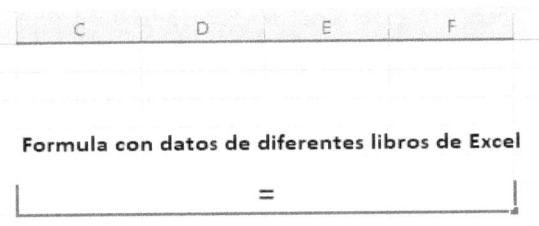

4. Oprimir la tecla **Alt** y permanecer así mientras se hace clic con la tecla Tab hasta encontrar el archivo que contiene el dato que se va a insertar en la formula. Una vez encontrado el archivo se dejan de oprimir las teclas.

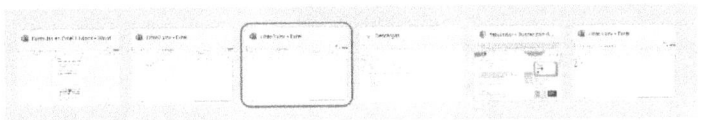

5. Seleccionar la hoja que contiene la información y posteriormente hacer clic en la celda que contiene el dato a utilizar.

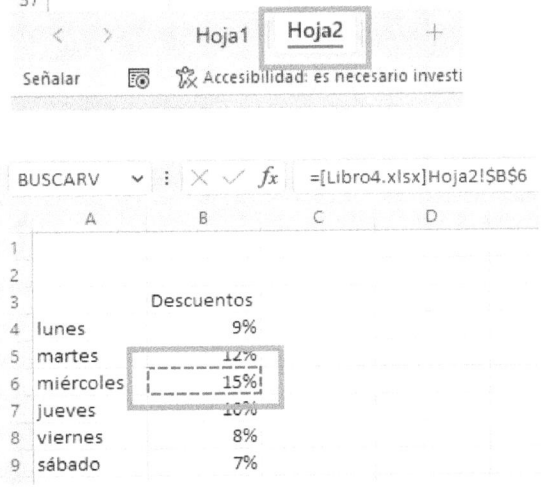

6. Si aun continua la formula agregar el signo aritmético de la operación a realizar, de lo contrario pasar al paso 8.

7. Repetir pasos 4, 5 y 6.

8. Una vez finalizada la formula oprimir la tecla Enter (⏎).

Como crear Formulas con funciones

En algunos casos hay formulas que requieren del resultado de funciones y para no tener que realizar los cálculos por separado a continuación se describen los pasos para para realizar el proceso en una sola formula.

1. Posicionarse en la celda donde se desea insertar la fórmula.

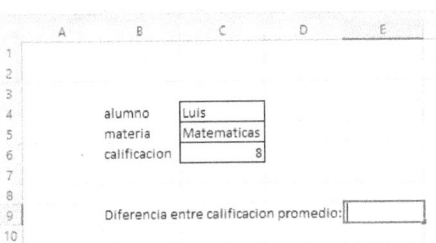

2. Insertar el signo igual.

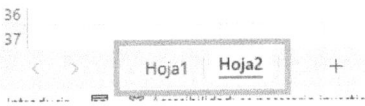

3. Ubicar el nombre de la hoja en la que se encuentra el dato a utilizar en la formula y hacer clic con el mouse sobre ella.

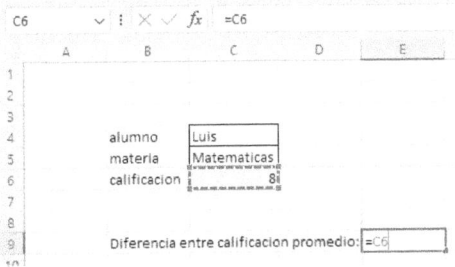

4. Escribir el nombre de la celda o seleccionar la celda que contiene el primer dato de la formula haciendo clic sobre ella.

5. Agregar el signo aritmético necesario para la formula.

   Diferencia entre calificacion promedio: =C6 -

6. Ubicar donde aparece el nombre de celdas y hacer clic en la punta de flecha.

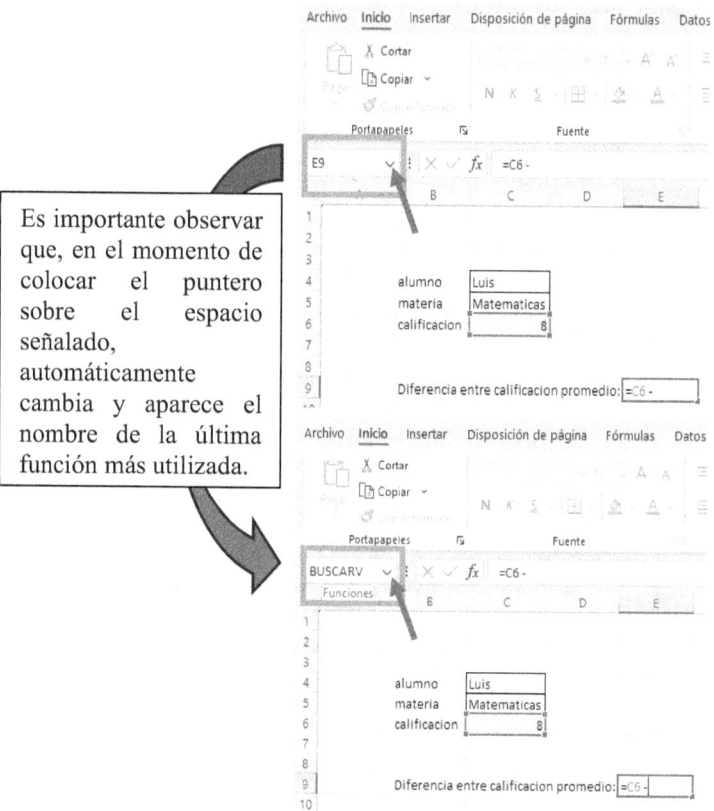

Es importante observar que, en el momento de colocar el puntero sobre el espacio señalado, automáticamente cambia y aparece el nombre de la última función más utilizada.

7. De la lista de funciones que aparece seleccionar la deseada y si no aparece hacer clic en **Más funciones.**

8. Si aparece la función que se requiere pasar al paso 9 de lo contrario continuar con este paso:
   a. Del cuadro de dialogo que aparece seleccionar la categoría de la función

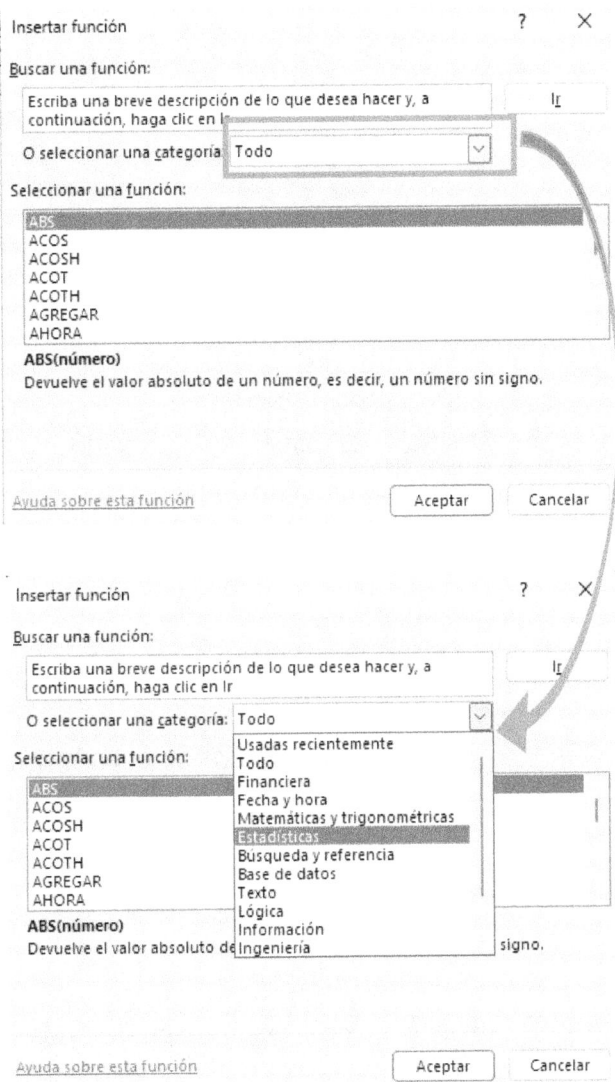

b. Una vez seleccionada la categoría se procede a seleccionar la función deseada.

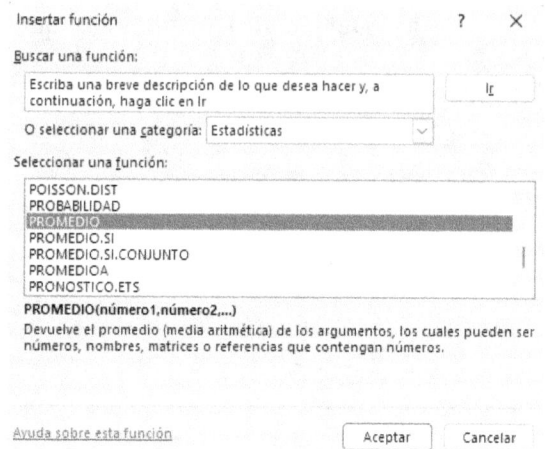

c. Hacer clic en **Aceptar.**

9. Después de haber seleccionado la función, insertar los valores requeridos por la misma.

   a. Hacer clic dentro del recuadro a llenar.

   b. Si el dato requerido es un valor directo capturarlo con el teclado de lo contrario seleccionar la celda o el rango de celdas que contengan la información.

   c. Repetir los pasos a y b hasta llenar todos los datos requeridos.

En este ejemplo es un rango de datos que se encuentra en la hoja 1.

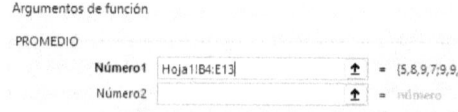

10. Una vez llenos los parámetros requeridos por la función, y para continuar con la formula hacer clic con el puntero del mouse en el lado derecho de la formula que se visualiza en la barra de formula (f(x)).

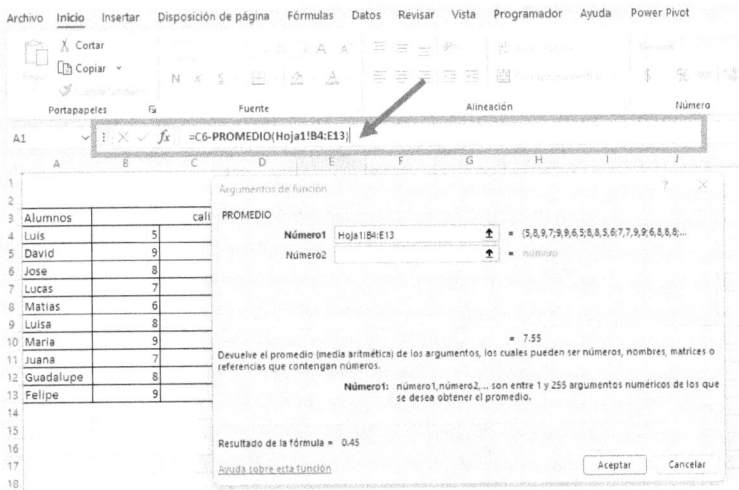

Esto permitirá continuar editando la formula.

11. Si aun continua la formula agregar el signo aritmético deseado y repetir los pasos anteriores según sea el caso.

    a. Si es una celda repetir el paso 3 y 4

    b. Si es una función repetir los pasos 6, 7, 8, 9 y 10

12. Una vez terminada la formula oprimir la tecla Enter (↵).

www.ingramcontent.com/pod-product-compliance
Lightning Source LLC
Chambersburg PA
CBHW070924220526
45472CB00010B/1683